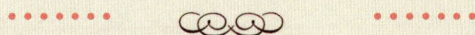

你 与 快 乐 只 差 上 色

Art Thérapie Eté, 100 coloriages anti-stress

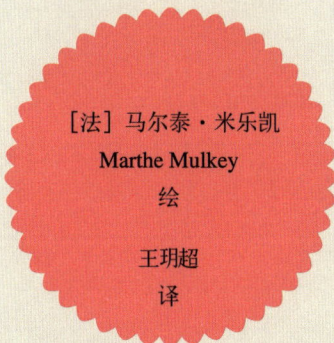

[法] 马尔泰·米乐凯
Marthe Mulkey

绘

王玥超

译

图书在版编目（CIP）数据

你与快乐只差上色：100幅美景填色减压 /（法）米乐凯绘；王玥超译. -- 长沙：湖南文艺出版社，2015.6
ISBN 978-7-5404-7146-0

Ⅰ.①你… Ⅱ.①米… ②王… Ⅲ.①心理压力 - 心理调节 - 绘画 - 工娱疗法 - 通俗读物 Ⅳ.①B842.6-49

中国版本图书馆CIP数据核字（2015）第076679号

著作权合同登记号：图字：18 - 2015 - 052
Art Thérapie Eté, 100 coloriages anti-stress Copyright © Hachette-Livre (Hachette Pratique) 2015.

上架建议：心理·减压

你与快乐只差上色：100幅美景填色减压

作　　者：［法］马尔泰·米乐凯（Marthe Mulkey）
译　　者：王玥超
出 版 人：刘清华
责任编辑：薛　健　刘诗哲
监　　制：蔡明菲　潘　良
特约策划：张小雨
特约编辑：田　宇
版权支持：文赛峰
装帧设计：李　洁
出版发行：湖南文艺出版社
　　　　　（长沙市雨花区东二环一段 508 号　邮编：410014）
网　　址：www.hnwy.net
印　　刷：北京天宇万达印刷有限公司
经　　销：新华书店
开　　本：787mm×1092mm　1/16
字　　数：96千字
印　　张：8.25
版　　次：2015 年 6 月第 1 版
印　　次：2015 年 6 月第 1 次印刷
书　　号：ISBN 978-7-5404-7146-0
定　　价：45.00 元

（若有质量问题，请致电质量监督电话：010-84409925）

目录
★ Contents ★

❀ 颜色、艺术与宁静 ❀

彩色画册不再是儿童专属，大人也可以拥有！本书教你如何为图画更细腻精致地上色，远非儿童画册能及。围绕不同主题、图案和细节进行绘画，并不断重复。上色需要细心和专注，如同藏传佛教中的曼陀罗，几个世纪以来，这种神圣的艺术引导人们开启精神之旅。这些圆形图案色彩丰富，在其周围观察和冥想，让人精神集中，获得精神启示。

专心上色的时刻宁静、安逸、平和且放松。这样做的目的是赶走那些干扰你意志的想法和生活中无处不在的压力。上色使人平静并赋予人激情，既引发思考又启迪艺术。亲手润色的图画是个人创作，给人满足感。

颜色的选择绝非偶然：它反映了一种情绪、一段历史、一些想法、一些需求。我们周围的世界充满色彩，同时包含科学、情感和历史。由于经历不同，每个人都有自己的感受。

史前时代岩洞中的壁画证实了色彩起源的古老。那里的颜色主要有赭色、红色和黑色。这些颜色出现于葬礼或当时流行的人体彩绘。人们永远需要借助色彩来记录周围事物和人生大事。长久以来，人们只是通过绘画来记录大自然赋予的一切。这一时期，一直延续到19世纪。

人们从自然中寻找颜料，如矿石和动植物。

通过研磨，人们从土壤、岩石和矿石中获得了大量颜料。因此，石灰、木炭和骨灰成为拉斯科洞穴史前壁画中黑色的来源。同样，当时的艺术家用赤铁矿（一种主要的铁矿石）为壁画涂红色。蓝色直到后来才在其他文明中出现，来自一种叫作天青石的变质岩。早在史前时期，化石颜料就混合了黏土、滑石粉和花岗岩等材料，后来加入了动物脂肪以使基底牢固。

来自植物的颜料通过捣碎叶子、根、皮、树、灌木等得来。藏红花的红色柱头既是著名的香料、珍贵的食材，又是橘黄色颜料的来源。靛蓝色来自春蓼的叶子，该植物产自亚洲，蕴含了一种构成蓝色的主要原料。这些植物被称为染色植物，种类丰富，能调配出越来越多的颜色。

在颜色的探索中，动物也没有袖手旁观。在中世纪的法国南部和西班牙东南部，人们收集橡树的寄生虫：介壳虫。这些小虫子被晾干和磨碎，以得到鲜红色的颜料。黑色可以通过烧鹿角、动物骨头甚至晒干乌贼来获得。乌贼的墨水又称为乌贼墨颜料，同时也是褐色的来源。

19世纪，颜料和合成染料大量出现。调色盘因此近乎绝迹。然而，近年来，随着环保主义的盛行，人们开始恢复颜料和自然染料的使用。

❀ 颜色的象征 ❀

　　颜色的使用贯穿了时间和文化，存在于所有文明，遍布在世界各地，并具有不同的象征意义。时至今日，颜色仍是我们日常生活的一部分，内部装饰、服装和化妆品的选择，都有颜色的存在。颜色是我们日常生活的密码。颜色反映了一些自然元素（如血红、天蓝、苹果绿）和感情、感觉（如脸都被气绿了、羞红了脸）。颜色总是有其象征意义。同样，颜色的选择和使用取决于个人和时代。

　　颜色的象征非常广泛，夹杂了多种因素：文化、宗教、国家甚至科技。长期以来，绿色象征不稳定，因为制造绿色的矿物质稳定性很差。而在19世纪，浪漫主义者认为绿色是自然的颜色。在古代，欧洲人和西方人认为蓝色不是一种颜色，而埃及人则视蓝色为真理和永恒。

　　在西方文化中，使用频率高的颜色，其象征意义趋同。例如，人们通常用蓝色象征男孩（认为会受到古代神灵的庇护），而玫瑰色象征女孩（自18世纪开始，受蓬帕杜夫人的影响），同时把蓝色及其相近色当作男性色彩，玫瑰色为女性色彩，尽管随着时间的推移，这种倾向越来越淡化。以下是一些常见颜色的象征意义：

·蓝色·

　　海蓝、天蓝……这是天空、大海和海洋的颜色。蓝色覆盖地球表面，是地平线的延伸。它的本义和引申义让人想到旅行和探险、平静和冷静。这是一种冷色，它是梦想、知识、安详和真理的象征。

·黄色·

　　黄色来自阳光、金子和火，等同于快乐、光芒和热情。它象征着社会关系和友谊。这种生动活泼的色彩使人安心。但是，这种颜色也有反差、背叛、通奸和谎言的意味。有些语言中不是有"黄帽子"（如同中文的"绿帽子"）的说法吗？其相近色有很多不同象征。浅黄色代表疾病（如"脸色发黄"）。

·红色·

这是一种矛盾的色彩。一种热情的颜色，让人难以忽视，同时代表爱情、激情、性感、勇气、鲜血、痛苦、禁忌。它会激起强烈的情感，引发心灵的震颤。

·绿色·

绿色是最能代表自然的颜色，它总让人联想到植物。给人平静和清凉之感的绿色，象征着青春和活力、希望和机遇。尽管有时它带来的是失败和不幸（如身着绿色去戏院会带来厄运）。

·橙色·

这个颜色令人振奋。它象征快乐和幸福、乐观和精神、欢喜和创造。这是个大胆的颜色。它还代表了20世纪60年代，有些媚俗却复古。

·黑色·

在西方，黑色具有否定意味。它是恐惧、死亡、葬礼、悲伤、失落、苦难和庄严的象征。但它同时表示优雅和简约。

·白色·

白色让人想到雪、光和奶，代表纯洁和无辜。象征团结和平衡、婚姻和纯洁。"洁白如雪"难道还值得怀疑吗？

我们赋予颜色的这些象征意义对我们组成的社会产生影响。为了传播信息，广告领域或公路牌靠颜色引人注意。例如，表示禁止和危险的路牌大多是红色和黄色的；而在绿灯亮起时，我们可以安全通过。

❦ 颜色与科学 ❦

颜色不仅与情感和情绪相关，它还是科学符号。事实上，我们对颜色的看法在某种程度上与眼睛给大脑传输的信息有关！但这一切是如何发生的呢？

颜色确实是科学的产物。谈论颜色，就是谈论光。来自太阳或电灯的光称为白光：它是人类能看到的所有颜色的总和。

你觉得这复杂吗？那么试着在肥皂泡或激光唱片上寻找光：你会看到颜色。这是白光发散出来的，我们称为白光的衍射。最著名的例子是彩虹，当阳光和雨水同时出现时，我们就会看到，那是阳光衍射在雨滴上形成的。彩虹代表了可见光，即人类肉眼能接收到的颜色波普：从红色到紫色；不可见光是人们裸眼无法看到的，如紫外线或X射线。

总之，我们从太阳接收到的光是彩虹颜色的总和，有无数不同的色调。当白光照射一个物体时，该物体吸收一些颜色，而把另一些颜色反射回去。例如，柠檬的表皮吸收黄色以外的所有颜色，因此，我们的眼睛只能接收到黄色，大脑就会告诉我们柠檬是黄色的。这就解释了为什么从科学的角度来说，白色和黑色不是颜色。一个物体吸收了所有颜色，那么它看起来就是黑的；同样，一个物体反射所有颜色，那它看起来就是白的。

颜色是冲击我们眼睛的振动波，将信息传送到大脑，再由大脑进行信息解码。为了让这些观点更容易接受，可见波普已经出现，人们称为"色相环"。

色相环以12种基础色为模型，绘制了所有可见波普的颜色，类似于一盒彩色铅笔。

· 三原色是"父母"，即无法从其他颜色获得：蓝色、红色和黄色。

· 三种二级色，即由两种三原色混合而成：绿色（黄+蓝）、紫色（蓝+红）和橘色（黄+红）。

·六种三级色，即由一种三原色与色相环上邻近的二级色混合而成：红橙、黄橙、黄绿、蓝绿、蓝紫和红紫。

颜色也有深浅：颜色的浓淡色度。色度有深（阴暗部分）有浅（明亮部分）。阴暗部分的颜色加入了黑色，明亮部分则加入了白色。在此基础上，颜色之间有六种基本关系。借助这些关系，可以调出丰富的色彩，并且对学习配色和色彩调和很有帮助。

·单色不能与同色系的其他颜色搭配。单色只有浓淡色度对比，没有深浅。这就是人们常说的"用同一颜色的深浅变化"，创造出减弱的效果。

·相似色包括一种颜色和两种浓淡色度变化的邻近色。这些颜色很丰富，变化微弱，使用简单。

·互补色由色相环上截然相反的颜色构成。两种颜色强烈的浓淡色度变化赋予你极强的创造力。当我们涂互补色时，通常一种用得多，另一种用得少，彰显创造力。例如，蓝色配一点橘色。

·邻近互补色。互补色从任何角度看都相似（或邻近）。颜色间对比微弱，从而增强对比色。对比色用来突出作品。

·基础色。从定义来看，基础色浓重且丰富。它们很少一起使用，除非受众是儿童（他们容易被浓烈的颜色吸引）和美国人。

·二级色。二级色很容易调和。这些丰富且柔和的颜色展现出真正的内涵和完美的协调。

我们能在色彩之间创造出很多其他联系。使用颜色的数量、选择冷色或暖色，在你的创作中同样举足轻重，别忘了使用黑色和白色来突出整体。

❦ 颜色、工具和小窍门 ❦

现在是时候选择你的上色工具了。

彩色铅笔？毡笔？通常难以抉择。下面是可能影响你决断的一些因素，尽管你的选择取决于个人爱好和作品的风格。

·毡笔·

毡笔遮盖性好且颜色纯正，但平铺上色时经常出现分界线，甚至出现结块点。不推荐用头太细的毡笔平铺上色，可以用它强调一些细节。注意，有些毡笔太细，墨水会穿透纸张。因此，最好使用厚重一些的纸，比如绘画纸和卡纸。

蘸有酒精的毡笔可以平铺上色，不会出现分界线。颜色很美，很丰富。这些毡笔干得很快，变色也很快。蘸有酒精的毡笔也可以调和颜色。酒精扮演了溶剂的角色，使毡笔更快浸透和渗入纸张，颜色随之进入纸张。需要注意，如果我们在正反面都要上色，那么要选择特殊纸张（版面70g/㎡或卡纸250g/㎡）。酒精毡笔的颜色也会扩散。因此需要经常在上色区域和边缘留一条边。注意，酒精毡笔散发出一种强烈的味道，可能使人不舒服。

对于左撇子，使用毡笔时建议从右往左上色。

·铅笔·

铅笔可以涂抹和混合各种颜色。铅笔的笔尖更加干燥，颜色更加柔和。如果你想要更加生动突出的色彩，选用笔尖干燥略软的彩色铅笔。借助软头，涂色时你无须用力，这样就不会在纸张背面留下痕迹。为了平铺上色不出现分界线，建议上色时"点涂"。

水彩铅笔比标准彩色铅笔着色更强。画笔蘸水，颜色会变淡，强烈建议使用重量至少为300g/㎡的纸张，并且只蘸湿画笔。水彩铅笔的颜色混合起来很漂亮。

使用彩色铅笔时，建议从深色开始。

·中性笔·

其遮盖性强，容易驾驭，有荧光色、金属色、带亮片色，不过，其墨水需要很长时间才干，而且一旦涂出界，就会覆盖黑边。还要注意，中性笔容量很小，价格较贵。建议用于小面积上色。

总之，没有十全十美的上色工具。我们可以混合使用铅笔和毡笔，铅笔打底，毡笔突出细节。

你 与 快 乐 只 差 上 色

准备好了吗？动手吧！

开始之前，在你的周围营造一种轻松的气氛。花些时间选择图片、工具和颜色。把这段时间当成真正的抗压治疗，一段自我独处的时刻。

你可以给画册标注日期，一旦完成，给你的作品起个名字。

卡丽娜·儒韦

克莱西科学中心

你 与 快 乐 只 差 上 色

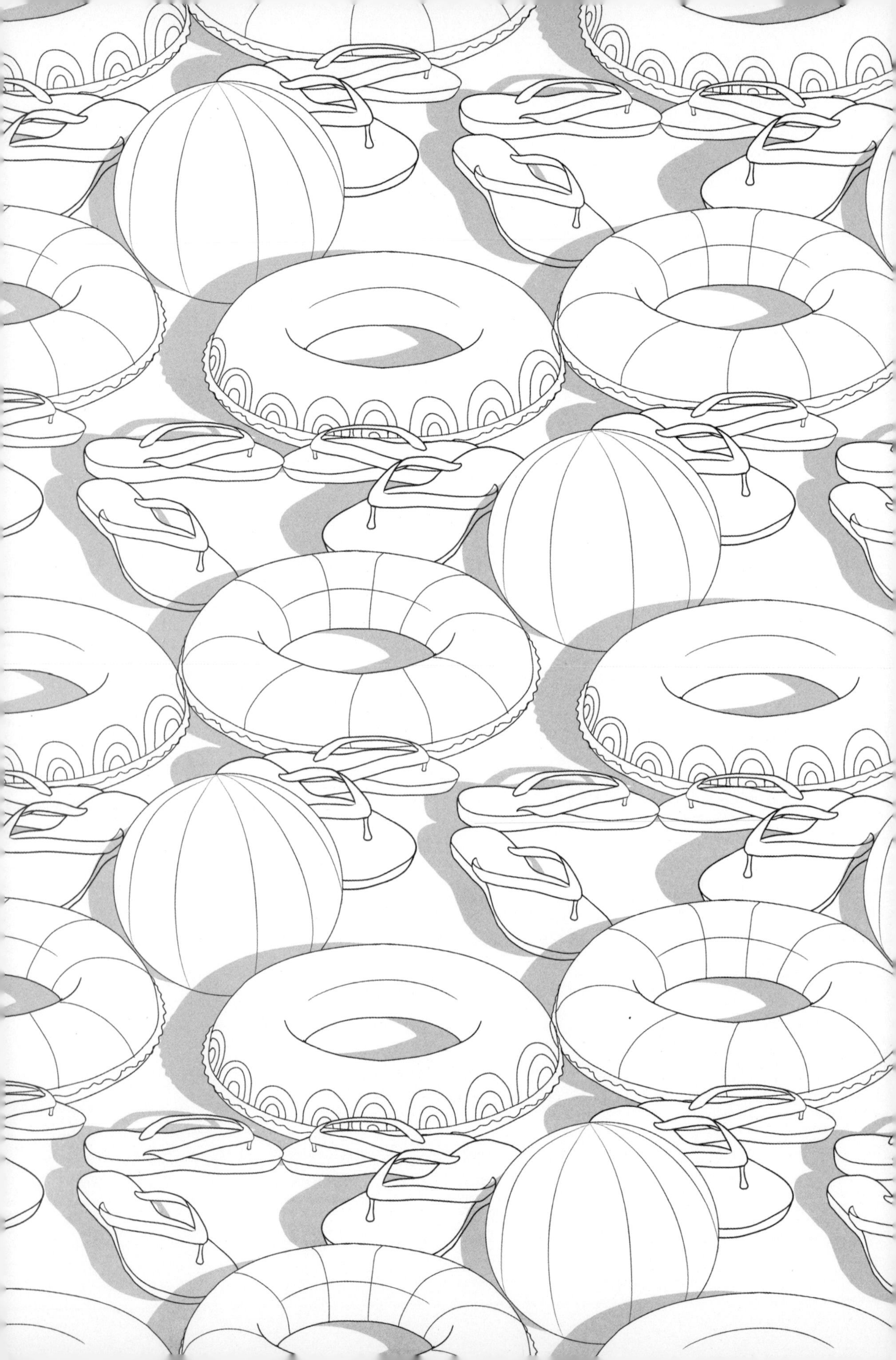

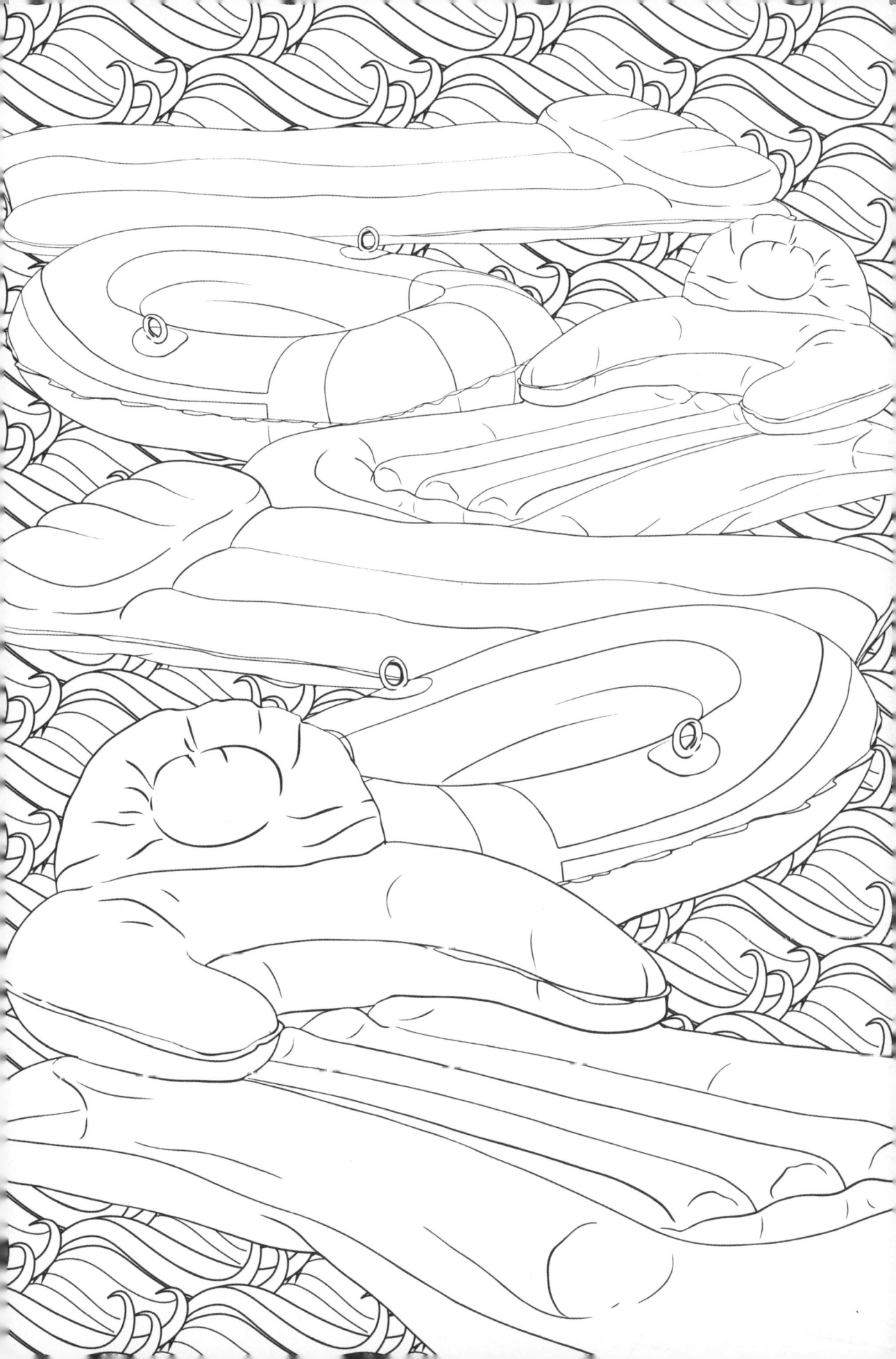

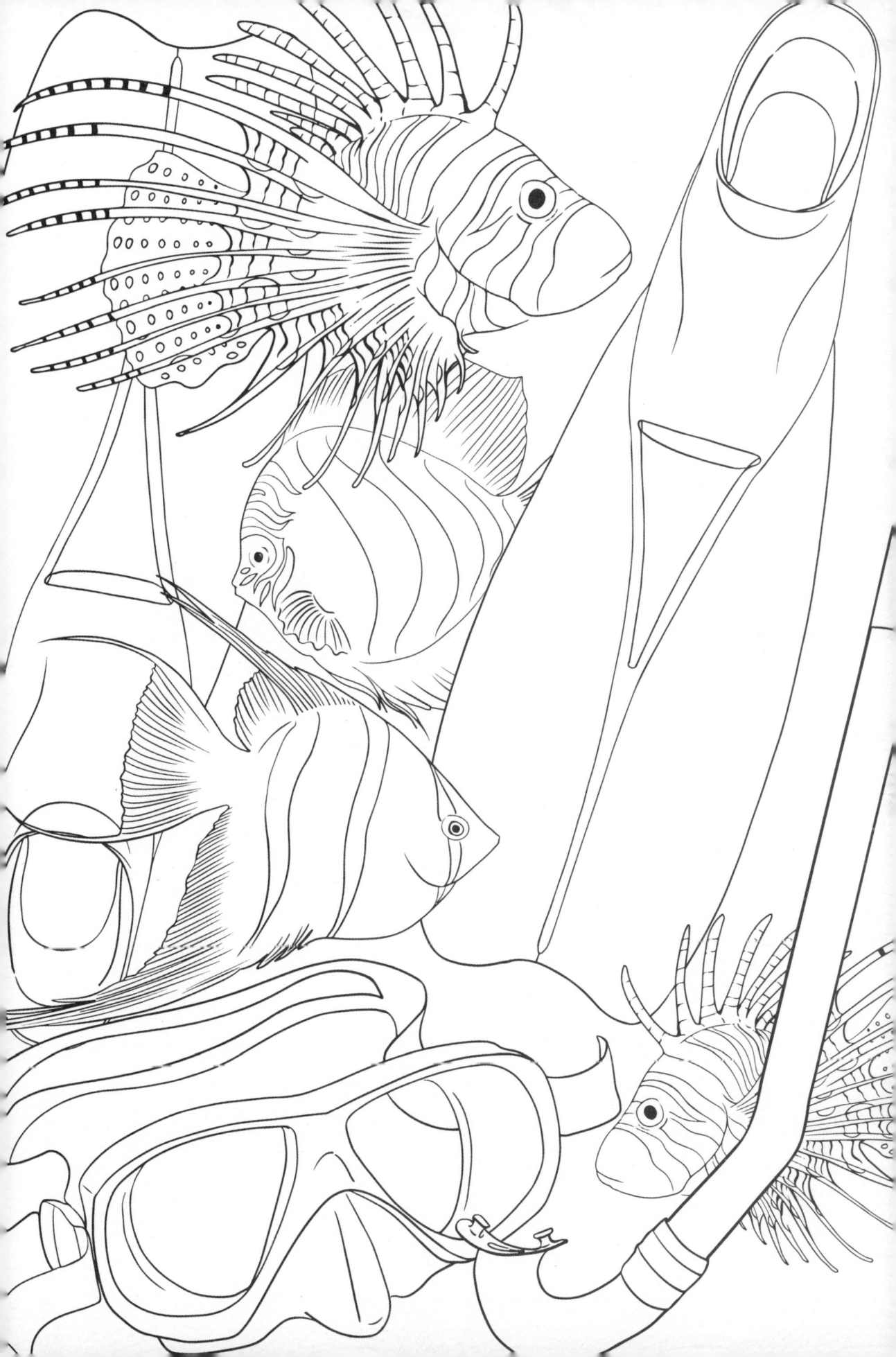

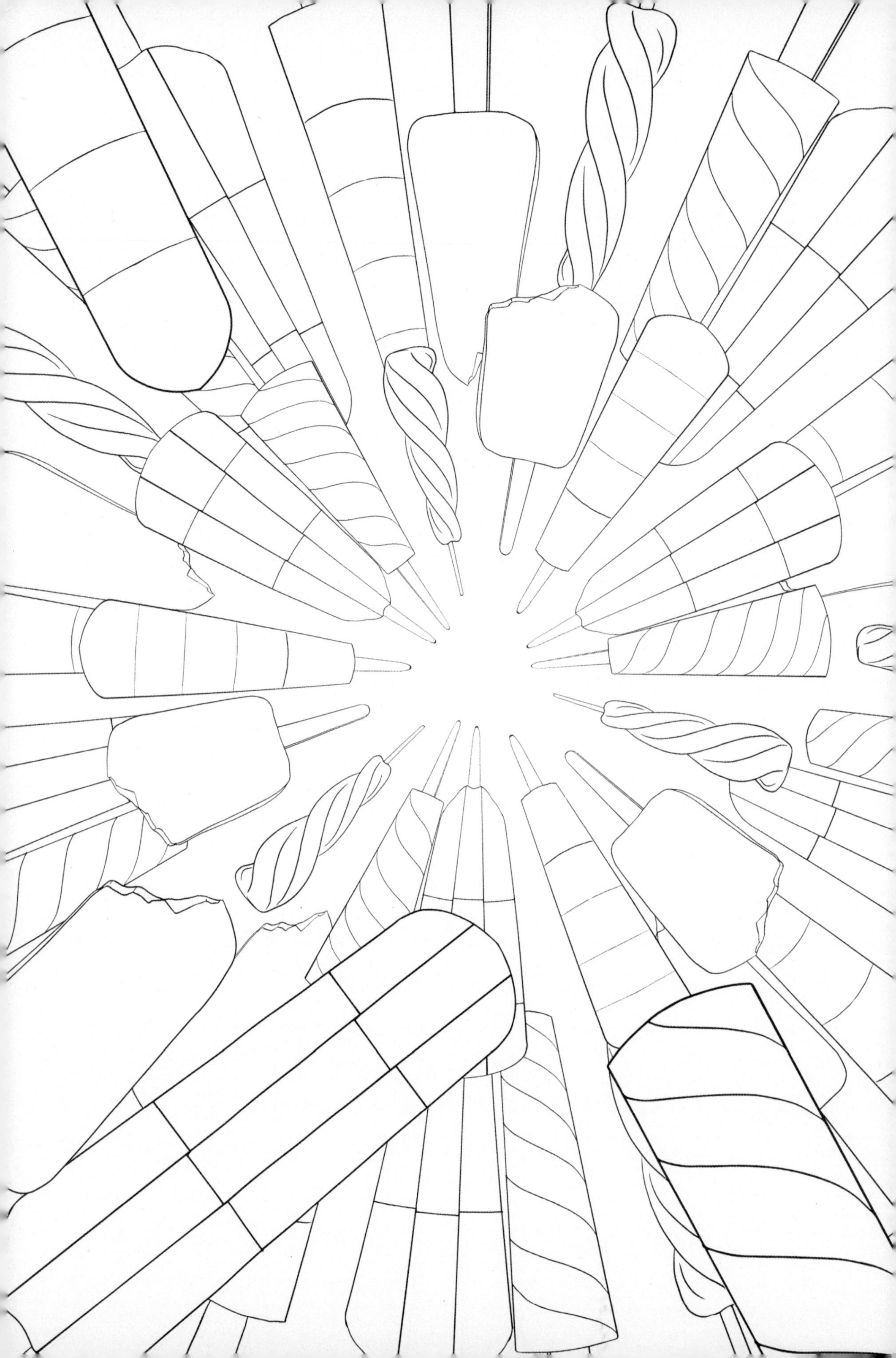

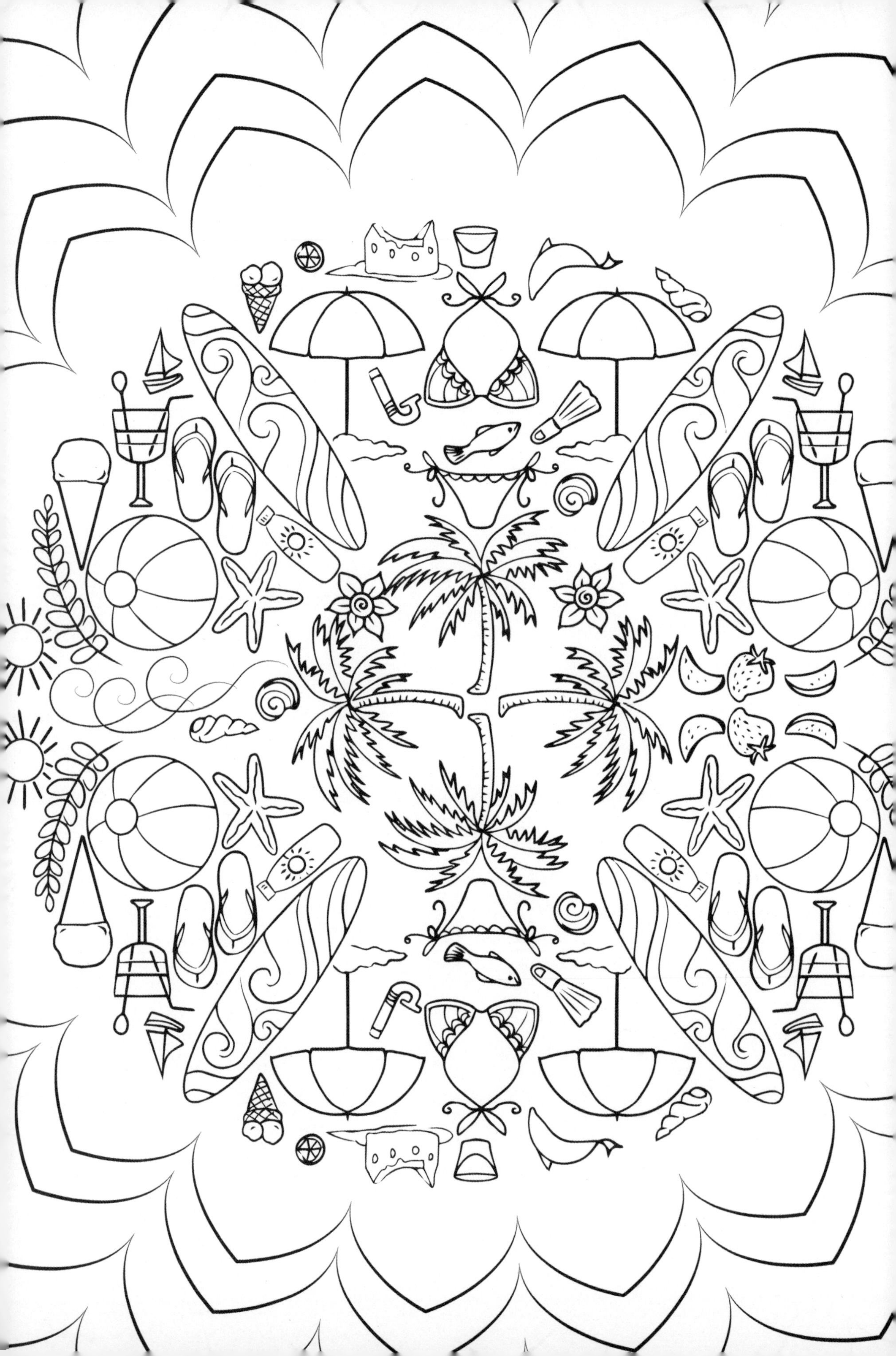

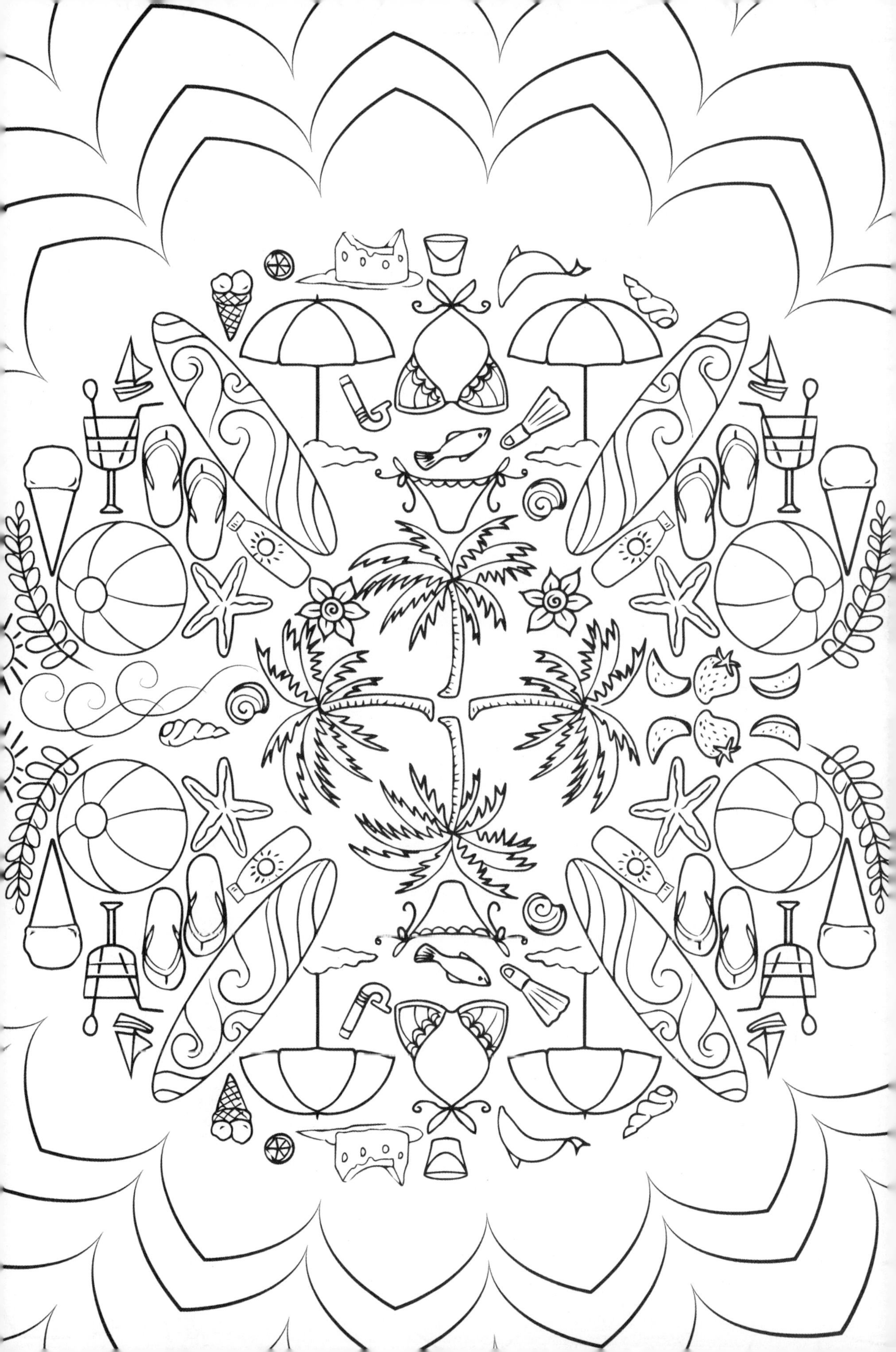

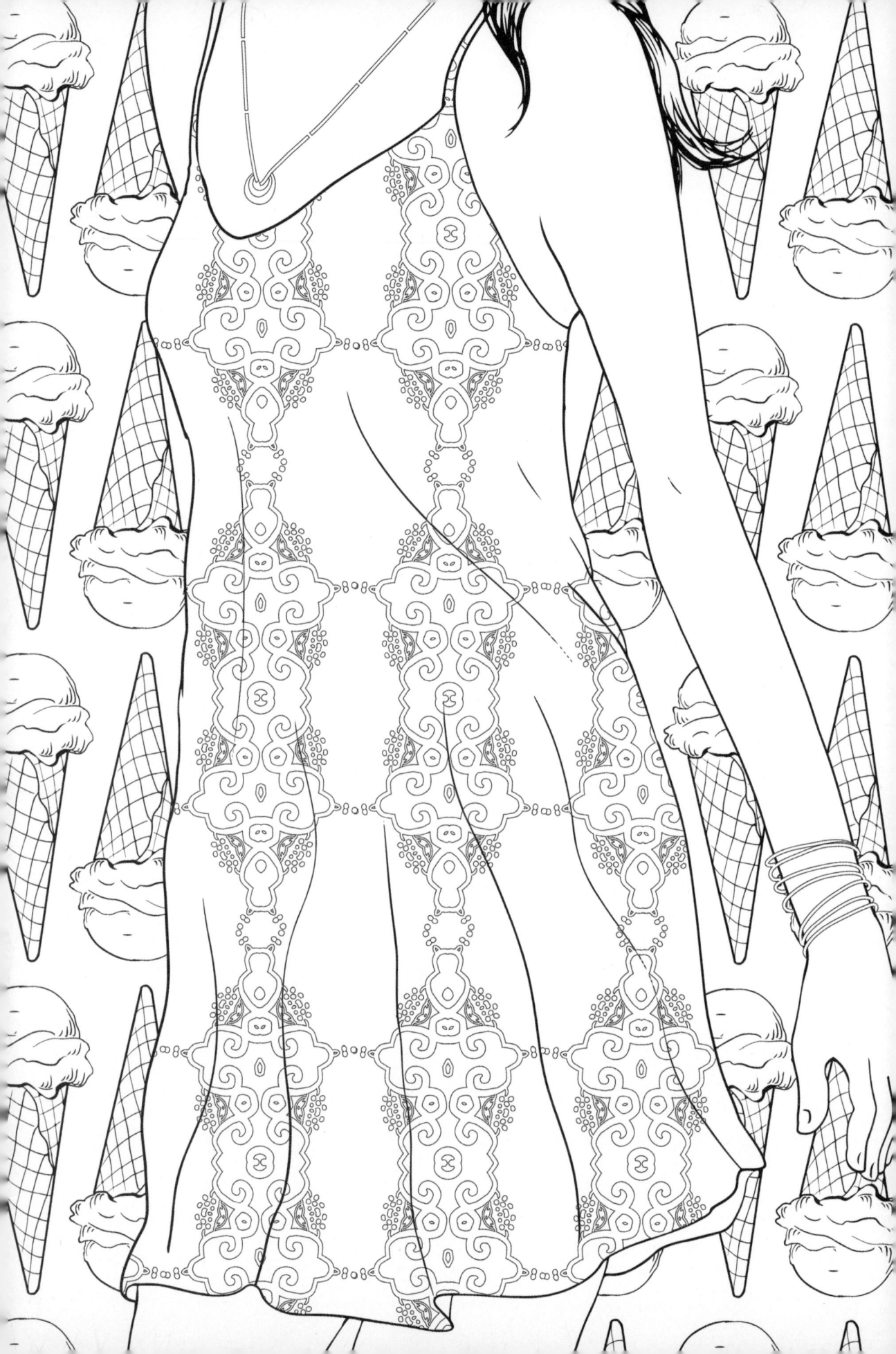